Gefiederpartien eines Singvogels

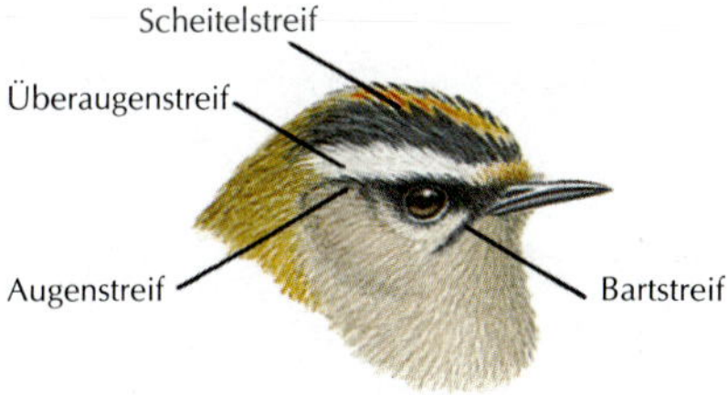

Rudolf Specht

Singvögel

KOSMOS

Zu diesem Buch

Wenn Sie dieses Buch beiseite legen und einen Augenblick lang aus dem Fenster schauen, werden Sie vielleicht bald den einen oder anderen Singvogel hören oder zu Gesicht bekommen. Die Amsel, die ihr flötendes Lied vorträgt, gehört ebenso dazu wie der Haussperling oder wie die Rabenkrähe auf dem Acker. Was diese so unterschiedlich aussehenden Vögel verbindet, ist nicht ihr Gesangsvermögen an sich (die Lautäußerung einer Krähe würde wohl niemand als „Gesang" bezeichnen), sondern Übereinstimmungen in Feinheiten des Körperbaus, besonders des lauterzeugenden Stimmapparats, und des Verhaltens, die sie von allen anderen Vögeln unterscheiden.

Weltweit gibt es an die 4100 Arten von Singvögeln; das ist fast die Hälfte der etwa 8600 bekannten Vogelarten. Zusammen mit Vogelfamilien wie den amerikanischen Tyrannen und Ameisenvögeln oder den afrikanisch-asiatischen Pittas bilden die Singvögel die große Ordnung der Sperlingsvögel (Passeres), zu der über 5000 Arten zählen; das sind mehr Arten, als die übrigen 27 Ordnungen der Vögel zusammen umfassen!

Singvögel haben auf der Welt die unterschiedlichsten Lebensräume besiedelt und sind fast allgegenwärtig. Viele der bei uns heimischen Arten sind auch relativ leicht zu beobachten, sei es auf einem Spaziergang im Wald oder im Stadtpark, sei es am Futterhaus im Winter. Sehr viel befriedigender kann das Beobachten der Vögel jedoch sein, wenn man auch weiß, um welche Arten es sich handelt! In den meisten Fällen fällt die Bestimmung der Art nicht übermäßig schwer, doch bedarf es anfangs hierzu einiger Übung. Hierbei soll dieses Buch eine Hilfe sein.

Die vorgestellten Vogelarten sind in drei Kategorien der Größe nach geordnet (Größe bis Haussperling; zwischen Haussperling und Amsel; größer als Amsel), da eine solche Einteilung einem Anfänger eher entgegenkommt als eine Ordnung nach systematischen Gesichtspunkten. Diese Einteilung soll jedoch nur Anhaltspunkte bei der Bestimmung geben; erfahrungsgemäß kann ein und derselbe Vogel je nach Beobachtungsumständen (Entfernung, Beleuchtung) unterschiedlich groß erscheinen. Außerdem beruht die Einteilung auf der Körperlänge der betreffenden Arten, die üblicherweise von der Schnabel- bis zur Schwanzspitze gemessen

wird. Daher erscheinen relativ langschwänzige Vögel wie die Rauchschwalbe oder die Bachstelze in der mittleren Größenkategorie, obwohl ihre Rumpflänge und ihr Gewicht sie eher in die Gruppe der kleineren Vögel verweisen. Der Text ist in vier Abschnitte gegliedert.
Unter „Typisch" werden einige Merkmale der beschriebenen Art hervorgehoben, die dem Beobachter gewöhnlich als erste auffallen. Dies können Einzelheiten der Färbung sein, aber auch Aufenthaltsort, Bewegungsweise, Gestalt, Stimme, Verhalten – alle diese Faktoren spielen bei der genauen Bestimmung einer Art eine wichtige Rolle.
Unter „Kennzeichen" wird sodann noch einmal auf besondere Merkmale eingegangen, ohne dabei das zu wiederholen, was das zugehörige Foto bereits deutlich zeigt. Da fast alle Fotos nur die (besonders leicht zu identifizierenden) Männchen im Brutkleid vorstellen, sind unter „Kennzeichen" auch die Gefiederkleider der Weibchen und Jungvögel kurz beschrieben, sofern sie sehr von den ausgefärbten Männchen abweichen. Außerdem wird an dieser Stelle, wenn nötig, eine Kurzbeschreibung des Gesangs der betreffenden Art gegeben.
Im Text zu „Vorkommen" finden Sie eine Charakterisierung des Lebensraums. „Wissenswertes" schließlich umfaßt eine Reihe ganz unterschiedlicher Informationen; die Biologie oder die Geschichte der Art finden ebenso Berücksichtigung wie ihr Verhältnis zum Menschen und die mögliche Gefährdung, der sie in der heutigen Zeit ausgesetzt ist. Gerade dieser letzte Textteil soll dem Beobachter die Arten in ihrer Individualität näherbringen und auch Gedächtnishilfen zum Bestimmen bieten. Von den 116 Singvogelarten, die man in Mitteleuropa regelmäßig beobachten kann, stellt dieses Buch eine Auswahl der 88 häufigsten Arten vor. Wegen dieser Unvollständigkeit und der Kürze des Textes kann es kein genaues Bestimmungsbuch ersetzen. Es soll jedoch dem Anfänger eine erste Einführung sein und ihm unter „Wissenswertes" manche Informationen geben, die in kaum einem der gängigen Bestimmungsbücher zu finden sind.
Für viele Singvögel werden die Lebensbedingungen im stark besiedelten Mitteleuropa zunehmend unwirtlicher. Selbst früher häufige Arten wie Goldammer oder Feldsperling weisen regional starke Rückgänge auf. Damit ein Schutz der Arten und vor allem ihrer Lebensräume möglich ist, müssen die Menschen aber erst diese Arten und ihre Bedürfnisse kennenlernen; denn nur für das, was man kennt, kann man auch ein Gefühl der Verantwortung empfinden.

Uferschwalbe

Riparia riparia

Typisch: Einzige Schwalbe mit braunem Brustband; brütet in Kolonien.
Kennzeichen: 12 cm. Oben braun, unterseits weiß. Kleinste Schwalbe Europas. Schwanz nur schwach gegabelt.
Vorkommen: Steilufer an Flüssen und Meeresküste; Sand- und Tongruben. Apr. – Okt.
Wissenswertes: Mit dem Verschwinden der Steilufer durch die Verbauung der Flüsse hat die Uferschwalbe ihre ursprünglichen Brutgelegenheiten verloren. Ihre Verbreitung hängt heute ab von Brutmöglichkeiten in Sand- und Tongruben, wo die Vögel Brutröhren in Steilwände graben. Dort sind sie durch den Abbaubetrieb und spätere Rekultivierungsmaßnahmen gefährdet.

Mehlschwalbe

Delichon urbica

Typisch: Einzige Schwalbe mit strahlend weißem Bürzel.
Kennzeichen: 13 cm. Schwanz ohne Schwanzspieße; schnurrender Ruf; Flug weniger wendig als bei Rauchschwalbe.
Vorkommen: Nistet an Gebäuden in kleinen Siedlungen; selten an Felswänden. Apr. – Okt.
Wissenswertes: Ursprünglich ein Felsbrüter, kommt im Gebirge bis in höhere Lagen vor als die Rauchschwalbe. Jagt oft zusammen mit der Rauchschwalbe, aber eher höher in der Luft. Hat schon gelegentlich im Winterquartier in Süd- und Südwestafrika gebrütet. Baut wie die Rauchschwalbe ein Lehmnest. Junge Mehlschwalben siedeln sich zur ersten Brut meist in nur geringer Entfernung vom Geburtsort an.

Baumpieper

Anthus trivialis

Typisch: Auffälliger Gesang, im Singflug und von Baumspitze aus vorgetragen.
Kennzeichen: 15 cm. Sehr ähnlich Wiesenpieper; Brust mehr gelbbraun. Gesang laut, Endstrophe „Zia-zia-zia“.
Vorkommen: Offenes Gelände mit einzelnen Bäumen, Waldränder und Lichtungen mit einzelnen herausragenden Bäumen als Singwarten. Apr. – Sept.

Wissenswertes: Einer der Vögel, der von Sturmschäden oder Schädlingsbefall in einem Wald profitieren kann; die entstehenden Lichtungen sagen ihm zu. Andererseits ist er stellenweise durch die Aufforstung von Heidegebieten gefährdet. Der Gesang ist komplex, nach einer Anfangsphrase folgt eine Kombination aus bis zu 20 verschiedenen Elementen.

Wiesenpieper

Anthus pratensis

Typisch: Meist am Boden; dünner „ist"-Ruf.
Kennzeichen: 14,5 cm. Gefieder sehr ähnlich Baumpieper; grauer, Brust feiner gestreift. Gesang aus hohen Tönen, eintönig.
Vorkommen: Feuchtwiesen, Weiden, Heiden, Moore; Bergwiesen. Jan. – Dez.
Wissenswertes: Einer der Charaktervögel von extensiv genutztem Grünland. Das Nest wird am Boden versteckt angelegt, zum Beispiel in einem Grasbüschel. Durch intensivere Nutzung von Feuchtwiesen (mehrmalige Mahd) und die Aufforstung von Heidegebieten sowie die Umwandlung von Grünland in Ackerland ist der Wiesenpieper langfristig in der Kulturlandschaft bedroht. Zeigt große natürliche Bestandsschwankungen.

Heckenbraunelle

Prunella modularis

Typisch: Unauffällig, eher zu hören als zu sehen. In Bodennähe in Gebüsch.
Kennzeichen: 14,5 cm. Sperlingsähnlich, ohne große Kontraste. Dünner Schnabel. Gesang schnell und zwitschernd.
Vorkommen: Gebüschreiche Nadel- und Mischwälder mit kleinen Freiflächen; Parks; vom Tiefland bis zur Baumgrenze. Jan. – Dez.

Wissenswertes: Nahm ab Mitte des letzten Jahrhunderts zu und hat sich in Skandinavien erst seit Ende des 19. Jahrhunderts ausgebreitet. Paßte sich in diesem Jahrhundert in weiten Teilen an das Leben in Städten an. Sehr komplexe Sozialstruktur: neben Einzelehen gibt es auch „Trios“ aus zwei Weibchen und einem Männchen oder umgekehrt.

Feldschwirl

Locustella naevia

Typisch: Eher zu hören als zu sehen; typischer Gesang. Läuft wie eine Maus am Boden.
Kennzeichen: 13 cm. Unscheinbar. Oberseite geschuppt. Gesang ein langes, monotones Schwirren auf gleicher Höhe; klingt wie eine Heuschrecke.
Vorkommen: Feuchte Wiesen und Sümpfe mit Gebüsch oder Schilf; auch trockenere Stellen. Apr. – Sept.
Wissenswertes: Ist wie alle Schwirle selbst aus nächster Nähe schwierig zu sehen; hält sich versteckt. Singt auch nachts. Die Strophen können bis zu mehreren Minuten dauern, es wurden sogar schon 110 Minuten gemessen! Änderungen der Lautstärke kommen durch Drehen und Wenden des Kopfes zustande.

Teichrohrsänger

Acrocephalus scirpaceus

Typisch: Scheu; in Schilfgebieten. Gesang rauh.
Kennzeichen: 13 cm. Einförmig gefärbt. Vom Sumpfrohrsänger im Freien nur durch Gesang unterscheidbar: rauh und krächzend, Töne meist dreimal wiederholt.
Vorkommen: Schilfgebiete und Gebüsche an Gewässerrändern. Apr. – Sept.
Wissenswertes: Die Rohrsänger sind spezialisiert auf das Klettern an senkrechten Strukturen (z. B. Schilfhalme) und besitzen daher starke Klammerfüße. Der Teichrohrsänger ist die häufigste heimische Rohrsängerart. Hält sich meist versteckt. Teilt den Lebensraum stellenweise mit Schilf- und Drosselrohrsänger, kann jedoch auch kleinere Schilfgebiete als letzterer besiedeln. Ist wie alle Rohrsänger Langstreckenzieher.

Sumpfrohrsänger

Acrocephalus palustris

Typisch: Scheu und schwer zu sehen, am ehesten am Gesang erkennbar. Manchmal freisitzend auf Halmen.
Kennzeichen: 13 cm. Im Freien nur durch Gesang vom Teichrohrsänger zu unterscheiden: wohlklingend und sehr abwechslungsreich, mit vielen Nachahmungen.
Vorkommen: Gebüschreiche Areale in Gewässernähe, Hochstaudenfluren, sogar Getreidefelder. Mai – Sept.
Wissenswertes: Zwillingsart des Teichrohrsängers. Einer der besten „Spötter" (Nachahmer) unter den heimischen Vögeln. Einzelne Individuen können die Stimmen von über 80 anderen Singvogelarten täuschend (für das menschliche Ohr) nachahmen, darunter von vielen afrikanischen Arten aus dem Winterquartier.

Schilfrohrsänger

Acrocephalus schoenobaenus

Typisch: Überaugenstreif; singt oft im Singflug.
Kennzeichen: 13 cm. Wirkt durch Streifung und Überaugenstreif weniger einförmig als andere Rohrsänger. Gesang mit flötenderen Partien und mehr Nachahmungen als Teichrohrsänger, von exponierter Warte oder im Singflug vorgetragen.
Vorkommen: Verlandungszonen von Gewässern mit Seggen, Schilf und Weidengebüsch. Manchmal auch in Getreidefeldern. Apr. – Okt.
Wissenswertes: Weniger auf Schilf spezialisiert als Teich- und Drosselrohrsänger. Brütet in Deutschland nur verstreut und gilt als gefährdet. Legt von allen Rohrsängern zusammen mit dem Drosselrohrsänger die weitesten Zugwege zurück und zieht dabei bis Südafrika.

Gelbspötter

Hippolais icterina

Typisch: Meist „eckiges" Kopfprofil durch aufgestellte Scheitelfedern, wechselvoller Gesang.
Kennzeichen: 13,5 cm. Gestalt ähnelt einem Rohrsänger. Heller Flügelfleck. Gesang anhaltend, rauh, mit flötenden Teilen und vielen Nachahmungen.
Vorkommen: Gebüschreiche Laubwälder, Auwälder, Parks. Apr. – Sept.

Wissenswertes: Wie der Sumpfrohrsänger ahmt auch der Gelbspötter den Gesang anderer Vogelarten nach. Der biologische Sinn dieses „Spottens" ist noch nicht völlig bekannt. Das Verbreitungsgebiet stößt in Westfrankreich und der Südschweiz an das der Zwillingsart, des Orpheusspötters, der sich momentan allmählich nach Norden ausbreitet.

Mönchsgrasmücke

Sylvia atricapilla

Typisch: Kopfplatte. Oft versteckt, angenehm flötender Gesang.

Kennzeichen: 14 cm. Männchen mit schwarzer, Weibchen und Jungvögel mit rotbrauner Kappe. Zwitschernder Gesang mit lauter, auf und ab gehender, flötender Endstrophe („Überschlag"); auch mit Imitationen.

Vorkommen: Laubwälder, lichte Nadelwälder, Parks und Gärten. März – Nov.

Wissenswertes: Häufigste einheimische Grasmücke. Wie andere Grasmücken am ehesten durch den lauten Gesang zu entdecken. Der Name „Grasmücke" soll ableitbar sein von „grau" und dem mittelhochdeutschen Wort „smücken", („schmiegen"), was die Lebensweise der Grasmücken als „Gebüschschlüpfer" beschreibt.

Gartengrasmücke

Sylvia borin

Typisch: Unscheinbar und heimlich. Wohltönender Gesang.
Kennzeichen: 14 cm. Gefieder ohne besondere Merkmale. Am besten am Gesang zu erkennen: dieser ähnlich dem der Mönchsgrasmücke, aber tiefer und kräftiger, ohne flötende Endstrophe.
Vorkommen: Laubwälder und Parks mit gebüschreichem Unterwuchs; auch Ufergebüsch. Apr. – Okt.
Wissenswertes: Heimlicher als Mönchsgrasmücke; hält sich in dichterem Gebüsch auf. Der Name ist schlecht gewählt; die Art ist seltener in Gärten zu sehen als die Mönchsgrasmücke. Baut wie andere Grasmücken ein sehr lockeres Nest. Zieht von allen Grasmücken zum Überwintern am weitesten (bis Südafrika).

Klappergrasmücke

Sylvia curruca

Typisch: Klappernder Gesang.
Kennzeichen: 13,5 cm. Ähnlich Dorngrasmücke, aber stärkerer Kontrast zwischen grauer Ober- und heller Unterseite. Kein rostrotes Flügelfeld. Klappernder Gesang auf größere Entfernung hörbar.
Vorkommen: Hecken, gebüschreiche Areale an Waldrändern, Parks und Gärten, im Gebirge hoch bis zur Baumgrenze. Apr. – Okt.
Wissenswertes: Kleinste heimische Grasmücke. Eher in Parks und Gärten als Dorngrasmücke (daher auch „Zaungrasmücke"). Ist wie die Sperbergrasmücke eine östliche Art; die Westgrenze der Verbreitung liegt in Mittelfrankreich. Ist wie alle heimischen Grasmücken ein Langstreckenzieher, überwintert in Afrika.

Dorngrasmücke

Sylvia communis

Typisch: Lebhaft, meist schwer zu sehen. Rauher Gesang. Rostbraunes Flügelfeld.
Kennzeichen: 14 cm. Weiße Schwanzaußenkanten. Männchen mit grauem, Weibchen mit bräunlicherem Kopf. Gesang kurz und laut, aus „kratzigen“ Strophen, oft in kurzem Singflug vorgetragen.
Vorkommen: Dornsträucher, Hecken und dorniges Gestrüpp (z. B. Brombeere), Gebüsche. Apr. – Sept.
Wissenswertes: Früher einer der häufigsten Vögel der mitteleuropäischen Agrarlandschaft; ist durch die Vernichtung von Hecken und Kleingehölzen zurückgegangen, in manchen Gebieten sehr stark. Eine Rolle mögen auch höhere Verluste auf dem Zug nach Afrika spielen (Ausbreitung der Sahara, daher längere wasserlose Zugwege).

Sperbergrasmücke

Sylvia nisoria

Typisch: Gebänderte Unterseite; gelbe Augen bei erwachsenen Tieren. Oft scheu und schwer zu sehen.
Kennzeichen: 15 cm. Bänderung der Unterseite nur beim Männchen gut zu sehen, Weibchen und Jungvögel blasser. Gesang ähnlich dem der Gartengrasmücke, auch im Singflug vorgetragen.
Vorkommen: Waldränder, Heiden, Hecken mit Dornsträuchern. In Deutschland nur von Niedersachsen und Schleswig-Holstein ostwärts. Apr. – Sept.
Wissenswertes: Großes Verbreitungsgebiet bis Mittelasien; erreicht in Niedersachsen und der Schweiz ihre westliche Verbreitungsgrenze. Teilt den Lebensraum vor allem mit dem Neuntöter. In manchen Gebieten bedroht.

Waldlaubsänger

Phylloscopus sibilatrix

Typisch: Meist im Kronendach; schwirrender Gesang, oft in horizontalem Singflug. Überaugenstreif.
Kennzeichen: 13 cm. Größter Laubsänger Mitteleuropas. Gesang beschleunigt nach langsamer Einleitung zu einem hohen Schwirren (daher der nicht mehr gebräuchliche Name „Waldschwirrvogel").
Vorkommen: Laub- und Mischwald ohne dichten Unterwuchs. Apr. – Sept.
Wissenswertes: Der Waldlaubsänger ist schwierig zu beobachten, da er sich meist im Kronenbereich des Waldes aufhält. Baut wie Fitis und Zilpzalp ein kugeliges „Backofennest" in Bodennähe oder am Boden selbst. In den Alpen und einigen Mittelgebirgen lebt eine verwandte Art, der Berglaubsänger.

Fitis

Phylloscopus trochilus

Typisch: Wohlklingender Gesang.
Kennzeichen: 11 cm. Dem Zilpzalp zum Verwechseln ähnlich. Beine meist hellbraun (nicht immer!). Gesang eine kurze, abfallende Folge weicher Töne („Wasserfall"), etwas an Buchfinken erinnernd.
Vorkommen: Gebüschreiche Wälder, Auwälder, Weidengebüsch an Gewässern, Gärten, Parks. Apr. – Okt.
Wissenswertes: Trotz des fast gleichen Aussehens kann man Fitis und Zilpzalp am sehr verschiedenen Gesang gut unterscheiden. Nur sehr selten gibt es Fitisse als „Mischsänger", die sowohl den eigenen Gesang als auch den des Zilpzalp vortragen. Die Nahrung wird von Laub und Zweigen gepickt, oft in kurzem Rüttelflug.

Zilpzalp

Phylloscopus collybita

Typisch: Eintöniger Gesang, wie „Zilp-zalp-zalp" (Name!).
Kennzeichen: 11 cm. Im Gegensatz zum Fitis immer dunkle Beine.
Vorkommen: Laub- und Mischwälder, gebüschreiche Gärten und Parks. Im Gebirge bis in höhere Lagen als Fitis. März – Nov.
Wissenswertes: Fitis und Zilpzalp sind „Zwillingsarten", die von einer gemeinsamen Ursprungsart abstammen. Deren Verbreitungsgebiet wurde während der Eiszeiten in zwei Areale getrennt. Bis zum Ende der Eiszeiten hatten sich in den beiden Teilgebieten die jetzt getrennten Arten entwickelt. Eine Vermischung findet nicht mehr statt, da sich die Weibchen nur noch mit Männchen paaren, die den arteigenen Gesang aufweisen.

Sommergoldhähnchen

Regulus ignicapillus

Typisch: Winzig; Überaugenstreif.
Kennzeichen: 9 cm. Scheitel beim Männchen orangerot, beim Weibchen gelb (meist nicht zu unterscheiden!). Rufe sehr hoch, Gesang gleichbleibend hoch.
Vorkommen: Nadel-, Misch- und (selten) Laubwälder. März – Okt.
Wissenswertes: Die Goldhähnchen sind die kleinsten Singvögel der Welt; nur Kolibris können noch kleiner sein. Beide Arten legen Nester an Nadelbaumzweigen an. In die Nester werden Spinnseide von Spinnen- und Raupenkokons sowie bis zu 3000 kleine Federn verarbeitet, wodurch sie sehr haltbar und isolierend werden. Das Sommergoldhähnchen breitet sich zur Zeit langsam aus (z. B. Großbritannien).

Wintergoldhähnchen

Regulus regulus

Typisch: Winzig. Augen sehen durch helles Umfeld groß aus.
Kennzeichen: 9 cm. Scheitel beim Männchen orange, beim Weibchen gelb (meist nicht zu unterscheiden!). Rufe und Gesang hoch, letzterer auf- und abgehend.
Vorkommen: Nadel- und Mischwälder; mehr an Nadelwald (Fichte) gebunden als vorige Art. Jan. – Dez.

Wissenswertes: Überwinternde Goldhähnchen verbringen kalte Nächte zu mehreren in Deckung, manchmal sogar in kleinen Nischen im Schnee. Bei strenger Kälte verlieren sie ihre Scheu vor dem Menschen. Sie müssen jeden Tag mindestens ihr eigenes Gewicht an Nahrung zu sich nehmen, um ihre Körpertemperatur aufrecht zu erhalten.

Trauerschnäpper

Ficedula hypoleuca

Typisch: Weißes Flügelfeld; jagt meist von Sitzwarte aus. Zuckt oft mit den Flügeln.
Kennzeichen: 13 cm. Männchen oberseits braungrau bis schwarz, immer mit weißem Stirnfleck. Weibchen braun. Gesang auf- und abgehend.
Vorkommen: Laub- und Nadelwald, Parks und Gärten, wo alte Bäume mit Nisthöhlen vorhanden sind. Apr. – Sept.

Wissenswertes: Der Trauer- und die anderen Fliegenschnäpper jagen ihre Beute in der Luft, wobei sie schnelle, kurze Jagdflüge von einer Warte aus unternehmen. Der Trauerschnäpper jagt auch viel am Boden. Sein Vorkommen scheint vielerorts durch einen Mangel an Nisthöhlen begrenzt zu sein, er nimmt gerne Nistkästen an.

Halsbandschnäpper

Ficedula albicollis

Typisch: Meist im Kronenbereich; Männchen im Brutkleid mit Halsband.
Kennzeichen: 13 cm. Männchen im Brutkleid schwarzweiß, im Ruhekleid brauner; Bürzel weiß. Weibchen sehr ähnlich dem des Trauerschnäppers. Gesang höher als bei Trauerschnäpper.
Vorkommen: Laubwälder, Parks und Gärten mit Angebot an Nisthöhlen und -kästen. Fehlt in Norddeutschland. Apr. – Sept.
Wissenswertes: Zwillingsart des Trauerschnäppers; nur Männchen im Brutkleid sind mit Sicherheit zu unterscheiden. Die beiden Arten brüten meist in getrennten Gebieten, dennoch kommt es in Mitteleuropa gelegentlich zu Mischpaaren, die sogar erfolgreich brüten. Hält sich meist in Baumkronen auf.

Grauschnäpper

Muscicapa striata

Typisch: Jagt fliegende Insekten in der Luft von exponierten Warten aus. Zuckt im Sitzen mit den Flügeln.
Kennzeichen: 14 cm. Unscheinbar graubraun, Brust gestreift (schwer zu sehen!). Gesang unauffällig.
Vorkommen: Laub- und Mischwälder, Parks und Gärten; brütet auch an Gebäuden. Apr. – Sept.
Wissenswertes: Im Gegensatz zu Trauer- und Halsbandschnäpper sind beim Grauschnäpper die Geschlechter gleich gefärbt. Ist viel weiter nach Osten verbreitet als die beiden anderen Arten (bis Zentralasien und Sibirien). Sitzt meist exponiert, verhält sich aber unauffällig, daher oft übersehen. Besitzt einen der einfachsten, unauffälligsten Gesänge unter den Singvögeln.

Steinschmätzer

Oenanthe oenanthe

Typisch: Hält sich am Boden auf; wippt mit dem Schwanz; im Flug Schwanz und Bürzel leuchtend weiß mit schwarzer „T"-förmiger Zeichnung.
Kennzeichen: 15 cm. Männchen im Brutkleid mit schwarzen Kopfseiten; Männchen im Schlichtkleid, Weibchen und Jungvögel viel blasser.
Vorkommen: Meist steiniges Offenland, Brachflächen, Schuttplätze; Dünen und Heiden. Felsige Bereiche im Hochgebirge. März – Okt.
Wissenswertes: Weit verbreitet (in Mitteleuropa aber selten) über Europa, Nord- und Mittelasien. Nach der letzten Eiszeit besiedelte er Alaska sowie Grönland und Nordostkanada. Die Brutvögel dieser Gebiete überwintern jedoch, wie die „Europäer", nach weiten Reisen im äquatorialen Afrika.

Hausrotschwanz

Phoenicurus ochruros

Typisch: Meist auf Gebäuden sitzend. Knickst und zittert mit dem Schwanz, dieser ist rostrot. Rauher Gesang.
Kennzeichen: 14 cm. Männchen ist schwarz, Weibchen und Jungvögel graubraun. Gesang kurz, zweistrophig; die zweite Strophe klingt gepreßt. Singt auch nachts.
Vorkommen: Gebäudebrüter im Siedlungsbereich; felsige Areale in Mittelgebirgen und Hochgebirgen; Steinbrüche. März – Okt.
Wissenswertes: Ursprünglich ein Felsenbewohner im Gebirge. Hat sich besonders seit der Mitte des letzten Jahrhunderts nach Norden ausgebreitet und Dörfer und Städte besiedelt; heute einer der häufigsten Brutvögel in Deutschland. Zur Brutzeit leicht zu entdecken durch Gesang von Gebäuden aus.

Gartenrotschwanz

Phoenicurus phoenicurus

Typisch: Roter Schwanz. Sitzt gern auf exponierten Warten, knickst und zittert mit dem Schwanz.
Kennzeichen: 14 cm. Männchen viel bunter als Hausrotschwanz, Weibchen brauner, dem Hausrotschwanz-Weibchen ähnlich. Gesang wohltönender als beim Hausrotschwanz, auch mit Imitationen.
Vorkommen: Laub- und Mischwälder, Gärten und Parks mit Angebot an Nisthöhlen, auch in Großstädten. Apr. – Okt.
Wissenswertes: Ganz anderer Lebensraum als Hausrotschwanz. Brütet in Nischen und Höhlen. Langstreckenzieher, überwintert in Afrika südlich der Sahara, im Gegensatz zum Hausrotschwanz, der in den westlichen Mittelmeerraum zieht.

Braunkehlchen

Saxicola rubetra

Typisch: Kurzschwänzige Erscheinung, sitzt exponiert auf niedrigen Warten. Heller Überaugenstreif. Zuckt mit Flügeln und Schwanz.
Kennzeichen: 13 cm. Weibchen (oben rechts) und Jungvögel sowie Männchen im Schlichtkleid weniger kontrastreich als Männchen im Brutkleid. Kurzer Gesang mit rauhen Strophen.
Vorkommen: Extensiv genutztes, offenes Gelände: Feucht- und Streuwiesen, Brachflächen; auch auf hochgelegenen Bergwiesen.
Apr. – Sept.
Wissenswertes: Früher sehr häufig und weit verbreitet, ist aber sehr zurückgegangen und gilt als stark gefährdet. Hauptgrund sind wohl die Änderungen in der Landwirtschaft, z. B. die Umwandlung von Wiesen in Äcker.

Schwarzkehlchen

Saxicola torquata

Typisch: Männchen zur Brutzeit mit typischer Färbung. Sitzt wie Braunkehlchen auf niedrigen Sitzwarten; zuckt mit Flügeln und Schwanz.
Kennzeichen: 13 cm. Männchen im Schlichtkleid, Weibchen und Jungvögel matter gefärbt. Kurzer, rauher Gesang.
Vorkommen: Brachflächen, extensiv genutzte Wiesen, Moore. Im allgemeinen auf trockeneren Flächen als Braunkehlchen. März – Okt.
Wissenswertes: Das Verbreitungsgebiet ist viel größer als beim Braunkehlchen und erstreckt sich bis Japan. In Mitteleuropa durch die Intensivierung der Landwirtschaft bedroht. Während das Braunkehlchen südlich der Sahara überwintert, zieht das Schwarzkehlchen nur bis in den Mittelmeerraum.

Rotkehlchen

Erithacus rubecula

Typisch: Rote Vorderseite unverkennbar. Wenig scheu. Oft am Boden. Knickst, zuckt häufig mit Flügeln und Schwanz.
Kennzeichen: 14 cm. Rundliches Erscheinungsbild, große Augen. Jungvögel braun, gefleckt, ohne rote Brust. „Tikkender", gereihter Alarmruf; hoher, perlender Gesang.
Vorkommen: In Wäldern, Parks und Gärten mit dichtem Unterholz. Jan. – Dez.
Wissenswertes: Sehr vielseitige Nahrungswahl; kann sogar Nahrung aus dem Wasser aufnehmen. Rote Brust dient dem Männchen als Imponiersignal gegenüber Artgenossen. Kann an unvermuteten Stellen brüten; verbürgt sind Nester in einem (fahrenden!) Eisenbahnwagen und einem Menschenschädel.

Blaukehlchen

Luscinia svecica

Typisch: Zu allen Jahreszeiten mit rostroter Schwanzbasis. Stelzt oft Schwanz.
Kennzeichen: 14 cm. Männchen im Brutkleid mit blauer Kehle; im Ruhekleid Kehle weißlich, dann ähnlich Weibchen. Jungvögel gefleckt. Gesang abwechslungsreich aus reinen und rauhen Strophen; enthält Imitationen.
Vorkommen: Gebüsche und Dickichte an Gewässerrändern, in Mooren und Auenflächen. März – Okt.
Wissenswertes: Es gibt zwei Unterarten: das Weißsternige (weißer Fleck auf blauer Kehle) in Mittel-, West- und Südwesteuropa und das Rotsternige Blaukehlchen (roter Kehlfleck) in Skandinavien und (sehr selten) in den Alpen. In Mitteleuropa durch Erschließungsmaßnahmen vom Aussterben bedroht.

Schwanzmeise

Aegithalos caudatus

Typisch: Unverwechselbare langschwänzige, rundliche Gestalt. Turnt lebhaft im Gezweig. Gesellig.
Kennzeichen: 14 cm. Vögel in Mitteleuropa mit schwarzem Überaugenstreif, in Nord- und Osteuropa mit ganz weißem Kopf. Schnarrender Ruf.
Vorkommen: Gebüschreiche Wälder, Parks und Gärten. Jan. – Dez.

Wissenswertes: Schwanzmeisen sind spezialisiert darauf, die Nahrung in akrobatischer Manier an den Enden feinster Zweige zu suchen; sie benutzen dabei den langen Schwanz als „Balancierstange". Das Nest ist eine sehr fein und dicht gebaute Kugel. Ähnlich wie bei den beiden Goldhähnchen wird es mit bis über 2000 Federn ausgekleidet.

Beutelmeise

Remiz pendulinus

Typisch: Kastanienbrauner Rücken, „Räubermaske". Turnt geschickt im Gezweig.
Kennzeichen: 11 cm. Weibchen matter, Jungvögel ohne Gesichtsmaske. Ruf ein hohes „Zieh".
Vorkommen: Auenwälder mit Pappelbeständen, Weidendickichte und Schilfgebiete am Rand von Gewässern. Jan. – Dez.
Wissenswertes: Baut eines der kunstvollsten Nester Europas, eine Kugel aus Pflanzenfasern und Samenwolle mit einer seitlichen Eingangsröhre. In Osteuropa wurden die Nester mancherorts als Einlage in Schuhen zum Warmhalten der Füße benutzt und gar als Heilmittel gegen Halsweh. Die Beutelmeise brütet in Mitteleuropa nur lokal und sporadisch und ist selten.

Tannenmeise

Parus ater

Typisch: Turnt geschäftig im Gezweig von Nadelbäumen. Hohe, meist nasale Rufe.
Kennzeichen: 11 cm. Kleinste einheimische Meise, ähnlich gezeichnet wie Kohlmeise, mit weißem Nackenfleck. Jungvögel matter und gelblicher. Gesang auf- und abgehend „wize wize wize".
Vorkommen: Nadel- und Mischwälder, Parks mit Nadelbäumen, im Gebirge bis zur Baumgrenze. Jan. – Dez.
Wissenswertes: Benötigt zum Nestbau eine Höhle mit engem Eingang; es genügt ein Spalt von 2 cm Breite! Nisthöhlen von Tannenmeisen werden auch von anderen Meisen (z. B. Kohlmeise) okkupiert, die Tannenmeisen können dabei sogar getötet werden. Sammeln und verstecken Samen im Winter als Nahrungsvorrat.

Kohlmeise

Parus major

Typisch: Schwarze Kopfzeichnung und gelbe Unterseite, schwarzer Bauchstrich. Turnt im Gezweig.
Kennzeichen: 14 cm. Zeichnung ähnlich Tannenmeise, aber größer (größte einheimische Meise) und mit schwarzem Bauchstreifen (beim Männchen breiter als beim Weibchen). Gesang variabel, z. B. „zi-zi-dä".
Vorkommen: Wälder, Parks und Gärten. Jan. – Dez.
Wissenswertes: Vielerorts die häufigste Meise in Mitteleuropa. Brütet wie die anderen Meisen in Höhlen, nimmt gerne Nistkästen an. Hält sich von allen Meisen am meisten am Boden auf. In England lernten Kohlmeisen, die Aluminiumverschlüsse von Milchflaschen zu öffnen, um an die Milch zu gelangen.

Blaumeise

Parus caeruleus

Typisch: Einziger Kleinvogel mit viel Blau im Gefieder. Turnt lebhaft im Gezweig, hängt oft kopfunter.
Kennzeichen: 11,5 cm. Weibchen ein wenig matter, Jungvögel blasser gefärbt. Lauter, schnarrender Ruf; Gesang ein hoher Triller.
Vorkommen: Laub- und Mischwälder, Heckenbereiche, Parks und Gärten; nur ausnahmsweise auch in Nadelwäldern. Jan. – Dez.
Wissenswertes: Sehr häufig und weit verbreitet. Im Winter wie andere Meisen oft in gemischten Trupps. Kommt auch an Futterhäuschen, kann dort sehr aggressiv sein und auch größere Vögel vertreiben. Hat wie alle Meisen eine hohe Vermehrungsrate (bis 14 Eier pro Gelege), um große Winterverluste auszugleichen.

Haubenmeise

Parus cristatus

Typisch: Auffallende Haube; typischer Ruf. Meist hoch in Nadelbäumen.
Kennzeichen: 11,5 cm. Bis auf die Haube und die Kopffärbung wenig auffallend gezeichnet. Trillernder Ruf.
Vorkommen: Nadelwald und Nadelbaumgruppen in Mischwald und Parks, im Gebirge bis zur Baumgrenze. Jan. – Dez.
Wissenswertes: Von allen heimischen Meisen am stärksten an einen Lebensraum (Nadelwald) gebunden. Schwierig zu beobachten, da sie sich hoch in den Bäumen aufhält. Baut Nisthöhle in vermoderte Baumstämme, brütet auch in Eichhörnchenkobeln und Greifvogelhorsten und Nistkästen. Hat von unseren Meisen die kleinsten Gelege (im Durchschnitt nur fünf Eier).

Sumpfmeise

Parus palustris

Typisch: Graubraunes Erscheinungsbild; Ruf.
Kennzeichen: 11,5 cm. Der Weidenmeise zum Verwechseln ähnlich, aber Kopfplatte glänzend schwarz (nicht immer zu sehen!). Jungvögel wie Weidenmeise. Gesang klappernd, Ruf wie „pistjä".
Vorkommen: Laub- und Mischwälder, Parks und Gärten. Im Gebirge mehr in den Tälern als Weidenmeise. Eher im Siedlungsbereich und an Futterstellen als jene. Jan. – Dez.
Wissenswertes: Sumpf- und Weidenmeise sind ein weiteres Beispiel für Zwillingsarten (wie Fitis/Zilpzalp), die durch die Eiszeiten entstanden. Am Futterhäuschen tragen Sumpfmeisen oft mehrere Brocken davon und verstekken sie. Auch Weibchen singen, aber selten.

Weidenmeise

Parus montanus

Typisch: Graubraunes Erscheinungsbild; Ruf.
Kennzeichen: 11,5 cm. Zwillingsart der Sumpfmeise. Schwarze Kopfkappe jedoch immer matt; heller Flügelfleck, der der Sumpfmeise immer fehlt (beide Merkmale jedoch nur bei gutem Licht sichtbar!), schwarzer Kehlfleck etwas größer. Ruf ein nasales „däh".
Vorkommen: Im Tiefland eher an feuchteren Stellen als Sumpfmeise: Auwälder, Weidengebüsche. In den Alpen („Alpenmeise") höher als Sumpfmeise, in Nadelwäldern bis zur Baumgrenze. Jan. – Dez.
Wissenswertes: Zimmert sich die Nisthöhle meist selbst in morsches Holz. Vermischt sich nicht mit Sumpfmeise, wo beide im Tiefland nebeneinander vorkommen.

Kleiber

Sitta europaea

Typisch: Einziger Vogel, der kopfunter an Baumstämmen klettern kann.
Kennzeichen: 14 cm. Kurzer Schwanz, wird nicht als Stütze beim Klettern benutzt. Verschiedene laut hallende und pfeifende Rufe.
Vorkommen: Laub- und Mischwälder, Gärten und Parks mit alten Bäumen. Kommt auch an Futterhäuschen. Jan. – Dez.

Wissenswertes: Der Name „Kleiber" kommt von „kleben", da das Weibchen die Nesthöhle in Bäumen sehr fest mit Lehm zumauert und nur ein kleines Schlupfloch offen läßt. Mit den sehr langen Zehen verankert sich der Vogel beim Klettern in der Rinde. Der kräftige Schnabel wird zum Aufmeißeln von Rinde oder harten Samen benutzt.

Zaunkönig

Troglodytes troglodytes

Typisch: Sehr klein und kurzschwänzig. Lebhaft, mausartig in dichtem Gestrüpp in Bodennähe huschend. Schwanz meist gestelzt.
Kennzeichen: 9,5 cm. Undeutlicher Überaugenstreif. Erstaunlich lauter Gesang.
Vorkommen: Gebüsche, Hecken sowie Wälder und Parks mit dichtem Unterwuchs. Im Gebirge bis zur Waldgrenze. Übernachtet im Winter oft an Gebäuden. Jan. – Dez.
Wissenswertes: Männchen baut zu Beginn der Brutzeit mehrere „Spielnester"; das Weibchen wählt ein geeignetes aus. Nur das Weibchen brütet; das Männchen kann daher mit einer neuen Partnerin eine weitere Brut beginnen. Zaunkönige sind nicht gesellig, bilden im Winter aber Schlafgemeinschaften.

Gartenbaumläufer

Certhia brachydactyla

Typisch: Klettert an Baumstämmen empor, stützt sich dabei wie ein Specht mit dem Schwanz ab. Gebogener Schnabel.
Kennzeichen: 12,5 cm. Vom Waldbaumläufer im Freien meist nur an der Stimme zu unterscheiden. Flanken bräunlich. Gesang eine kurze, aufsteigende Strophe.
Vorkommen: Laub- und Mischwälder; meist an Bäumen mit rauher Borke. Auch im Siedlungsbereich in Parks und Gärten. Im Gebirge nur bis 1400 m. Jan. – Dez.
Wissenswertes: Die beiden Baumläuferarten wurden erst im letzten Jahrhundert als zwei verschiedene Arten erkannt. Die Nahrung wird an Baumstämmen gesucht; die Vögel bewegen sich nach oben und fliegen dann zur Basis eines anderen Stamms.

Waldbaumläufer

Certhia familiaris

Typisch: Klettert wie Gartenbaumläufer an Baumstämmen empor, stützt sich mit dem Schwanz ab.
Kennzeichen: 12,5 cm. Zwillingsart des Gartenbaumläufers, im Freien fast nur an der Stimme zu unterscheiden. Flanken reinweiß. Gesang ein abfallender Triller.
Vorkommen: Nadel- und Mischwälder, weniger im Siedlungsbereich und stärker an Nadelbäume gebunden als die Zwillingsart. Im Gebirge bis zur Baumgrenze. Jan. – Dez.
Wissenswertes: Überschneidet sich in Mitteleuropa mit dem Gartenbaumläufer, ist aber viel weiter verbreitet (bis nach Japan). Wahrscheinlich sind beide Arten wie andere Zwillingsarten aus einem gemeinsamen Vorfahr entstanden.

Rohrammer

Emberiza schoeniclus

Typisch: Klettert im Schilf, singt meist von einem Schilfhalm aus.
Kennzeichen: 15 cm. Äußere Schwanzfedern weiß (beim Auffliegen meist sichtbar). Weibchen und Jungvögel unauffälliger gefärbt als Männchen. Gesang eine kurze Reihe scharfer, abgehackter Töne.
Vorkommen: Schilfgürtel und Weidengebüsche in Verlandungszonen an Gewässern und Feuchtgebieten, Jan. – Dez.
Wissenswertes: Bildet außerhalb der Brutzeit im Schilf manchmal Schlafgemeinschaften von mehreren Dutzend Vögeln. Ist als Bewohner von Feuchtgebieten durch Entwässerungsmaßnahmen bedroht, zeigt sich aber anpassungsfähiger als die Rohrsänger.

Gimpel

Pyrrhula pyrrhula

Typisch: Typische und auffällige Färbung. Häufiger Ruf ein weiches „Djü".
Kennzeichen: 15 cm. Unterseite beim Männchen rot, beim Weibchen braungrau. Jungvögel ohne schwarze Kopfkappe. Bürzel stets weiß (beim Auffliegen sichtbar).
Vorkommen: Nadel- und Mischwälder, buschreiche Gärten und Parks.
Jan. – Dez.

Wissenswertes: Das ganze Jahr über in Paaren oder Familiengruppen zu sehen; im Winter manchmal Einflug nordischer Vögel. Galt früher als Symbol für Dummheit, da Gimpel sich leicht fangen ließen. Von klein an aufgezogene Gimpel werden auf den Menschen geprägt und können durch Vorpfeifen dazu gebracht werden, ganze Lieder nachzupfeifen.

Grünling

Carduelis chloris

Typisch: Leuchtend gelbe Abzeichen an den Flügeln und den Schwanzrändern. Trillernder Flugruf.
Kennzeichen: 14,5 cm. Weibchen mehr graugetönt als Männchen, Jungvögel gestreift. Trillernder Gesang von exponierter Warte aus oder im Singflug vorgetragen. Oft zu hören ein nasaler, aufsteigender Ruf.
Vorkommen: Laub- und Mischwälder, Parks, Gärten, auch in der Stadt. Oft an Futterhäuschen. Jan. – Dez.
Wissenswertes: Weit verbreitet und häufig. Einer der frühesten Sänger im Frühjahr. Kommt an Futterhäuschen und verhält sich dort aggressiv gegenüber anderen Vögeln. Früher Symbol für Unerfahrenheit („Grünschnabel"), da die Vögel leicht in Vogelfallen gingen.

Stieglitz

Carduelis carduelis

Typisch: Unverkennbar bunt.
Kennzeichen: 12 cm. In allen Kleidern mit gelbem Flügelfeld. Männchen wie Weibchen. Nur erwachsene Vögel mit rotem Kopf; Jungvögel ohne Rot, gefleckt. Ruf eine schnelle Folge kurzer Töne wie z. B. „dudidelit".
Vorkommen: Offene Landschaft mit Hecken, Baumreihen; Obstgärten, Parks, Gärten; außerhalb der Brutzeit meist in Gruppen in offenem Gelände mit samentragenden Stauden. Jan. – Dez.
Wissenswertes: Der Name „Stieglitz" ist wahrscheinlich eine lautmalerische Wiedergabe des häufigsten Rufes; ein anderer Name (Distelfink) bezieht sich auf die Vorliebe für die Samen von Disteln und anderen Stauden, die der Stieglitz geschickt von den Halmen holt.

Erlenzeisig

Carduelis spinus

Typisch: Grundfarbe grüngelb. Meist auf Erlen und Birken oder Nadelbäumen.
Kennzeichen: 12 cm. Nur Männchen mit schwarzer Kopfplatte. Jungvögel bräunlicher, wie das Weibchen gestreift. Zwitschernde und metallische Rufe. Singt meist von Baumspitze aus oder im Singflug.
Vorkommen: Brütet in Nadelwäldern (vor allem Fichte) im Mittel- und Hochgebirge. Im Tiefland vor allem im Winter, dann auch an Futterhäuschen. Jan. – Dez.
Wissenswertes: Der Name „Zeisig" geht auf ein tschechisches Lehnwort zurück. Zeisige ernähren sich von den Samen von Baumzapfen (z. B. Fichte, Kiefer, im Winter vor allem Erlen) und können dabei geschickt wie Meisen im Gezweig herumturnen.

Girlitz

Serinus serinus

Typisch: Sehr klein, Gefieder mit viel Gelb. Typischer Gesang, von exponierter Warte oder im Balzflug vorgetragen.
Kennzeichen: 11,5 cm. Kleinster heimischer Fink. Erwachsene Vögel mit gelbem Bürzel. Weibchen braungrauer, wie Jungvögel gestreift. Gesang hoch und quietschend (klingt wie ein ungeölter Kinderwagen).
Vorkommen: Offene Kulturlandschaft; Parks, Gärten, Weinberge, März – Okt.
Wissenswertes: Der Girlitz ist südlicher Herkunft; er bewohnte bis vor etwa 200 Jahren nur Südeuropa und Nordafrika. Von dort breitete er sich über den größten Teil Westeuropas aus. Während er in seiner alten Heimat weiterhin Standvogel ist, wurde er in den neu besiedelten Gebieten zu einem Zugvogel.

Birkenzeisig

Acanthis flammea

Typisch: Roter Scheitel. Kinn schwarz. Im Winter meist auf Erlen und Birken.
Kennzeichen: 13 cm. Nur Männchen im Brutkleid mit roter Brust. Jungvögel ohne roten Scheitel. Häufiger Ruf ein schnelles „dschä-dschä-dschä".
Vorkommen: Nadelwälder der Mittel- und Hochgebirge, in den Alpen bis zur Baumgrenze. Im Tiefland in Nadelwaldschonungen, Erlen- und Birkenwäldern. Jan. – Dez.
Wissenswertes: Verbreitungsgebiet besteht aus zwei Teilen in Nordeuropa und mitteleuropäischen Gebirgen. Hat sich von dort in den letzten Jahrzehnten ausgebreitet, z. B. auf den Britischen Inseln und an der deutschen Nordseeküste. Im Winter gibt es manchmal „Invasionen" nordischer Vögel.

Hänfling

Acanthis cannabina

Typisch: Im Winter in kleinen Trupps. Häufiger Flugruf ein nasales „dschi-dschick".
Kennzeichen: 13,5 cm. Männchen zur Brutzeit mit viel Rot, im Ruhekleid ähnlich Weibchen; dieses sowie Jungvögel brauner und gestreift. Variabler, anhaltender Gesang mit Trillern und nasalen, metallischen Tönen.
Vorkommen: Offene Kulturlandschaft mit Hecken, einzelnen Bäumen und Büschen; gebüschreiche Parks und Gärten. Im Gebirge bis zur Baumgrenze. Jan. – Dez.
Wissenswertes: Der Hänfling ist eine typische Art der offenen, an Feldgehölzen reichen Kulturlandschaft. Er ist auf Brachflächen und Unkrautfluren angewiesen, da er sich von den Samen vieler Wildkräuter („Ackerunkräuter") ernährt.

Buchfink

Fringilla coelebs

Typisch: Schmetternder, gegliederter Gesang. Auf Nahrungssuche oft am Boden.
Kennzeichen: 15 cm. Stets mit weißer Flügelbinde und weißen Außenseiten des Schwanzes. Blaue Kappe des Männchens im Winter mehr braungrau. Weibchen olivgraubraun. Gesang eine laute, abfallende Reihe mit regional verschiedenem Endschnörkel.

Vorkommen: Jegliche Gebiete mit Baumbeständen, vom Tiefland bis zur Baumgrenze. Jan. – Dez.
Wissenswertes: Einer der häufigsten Vögel Europas. Früher beliebter Stubenvogel, mit singenden Männchen wurden Wettkämpfe abgehalten (erste Urkunde 1456!). Kenner unterscheiden nach Gehör Dutzende von Strophentypen.

Bergfink

Fringilla montifringilla

Typisch: Weißer Bürzel. Lauter, quäkend-nasaler Ruf.
Kennzeichen: 15 cm. Männchen im Brutkleid (ab Frühjahr) mit kontrastreichem Gefieder; schwarze Partien im Ruhekleid braun geschuppt. Weibchen matter gefärbt.
Vorkommen: Brütet in nordischen Birken- und Nadelwäldern; in Mitteleuropa nur Wintergast in Laubwäldern, Parks und Gärten. Okt. – Apr.

Wissenswertes: Der Bergfink ist einer der häufigsten Vögel nordischer Wälder und ersetzt dort den Buchfink. In Mitteleuropa ist er meist häufiger Wintergast, in manchen Jahren in riesiger Anzahl in Wäldern mit Buche und Hainbuche; so wurden in den fünfziger Jahren an Schlafplätzen in der Schweiz bis zu 70 Millionen Bergfinken geschätzt.

Haussperling

Passer domesticus

Typisch: Fast immer im Bereich von Siedlungen. Hüpft auf dem Boden. Typischer Ruf.
Kennzeichen: 15 cm. Männchen kontrastreich. Scheitel grau. Weibchen und Jungvögel schlicht. Häufiger Ruf: das typische „Tschilpen".
Vorkommen: Siedlungsbereich jeglicher Art. Jan. – Dez.
Wissenswertes: Seit den Anfängen des Ackerbaus Kulturfolger des Menschen und zumeist von ihm abhängig. Stammt wahrscheinlich aus Trockengebieten Südwest-Asiens; heute fast weltweit verbreitet (eingeführt in Amerika, Australien, Neuseeland, Südafrika). Galt im griechischen Altertum als heilig. Später als Saatschädling verfolgt. Mancherorts wurde Sperlingsfleisch und -hirn als Aphrodisiakum benutzt.

Feldsperling

Passer montanus

Typisch: Scheitel braun, schwarzer Fleck am Ohr. Öfter in siedlungsfernen Gebieten.
Kennzeichen: 14 cm. Geschlechter (im Gegensatz zum Haussperling) gleich gefärbt. Stimme ähnlich Haussperling.
Vorkommen: Weniger in Nähe des Menschen als Haussperling. Offene Kulturlandschaft mit Hecken, Baumgruppen, Waldrändern; Parks und Gärten am Siedlungsrand. Jan. – Dez.
Wissenswertes: In Mitteleuropa weniger in Städten als Haussperling, in anderen Gebieten (Südeuropa, Asien) auch in Siedlungen. Außerhalb der Brutzeit in Schwärmen, die als Schädlinge an Ackerkulturen verfolgt wurden; frißt jedoch auch „Schadinsekten". Höhlenbrüter.

Heidelerche

Lullula arborea

Typisch: Sehr kurzer Schwanz. Sitzt als einzige Lerche auch auf Bäumen.
Kennzeichen: 15 cm. Ähnlich gezeichnet wie Feldlerche. Gesang aus weichen, flötenden Strophen.
Vorkommen: Trockene Waldlichtungen, lockere Kiefernwälder, Heide mit einzelnen Bäumen. Feb. – Okt.
Wissenswertes: Die Heidelerche singt am Boden oder im Singflug, meistens aber auf einem Baum sitzend; sie singt auch nachts. Der angenehme Gesang ist sehr komplex: bis über 100 verschiedene Strophen, die der Vogel nach dem Absingen in der gleichen Reihenfolge fast fehlerfrei wiederholen kann. Die Heidelerche meidet intensiv genutztes Kulturland und ist bei uns in ihrem Bestand stark bedroht.

Feldlerche

Alauda arvensis

Typisch: Trillernder Gesang, pausenlos im Singflug vorgetragen. Sonst am Boden.
Kennzeichen: 18 cm. Unscheinbar tarngefärbt. Gesang abwechslungsreich mit vielen Nachahmungen anderer Vögel.
Vorkommen: Weitverbreitet in offenen Landschaften: Felder, Wiesen, Äcker, Weiden, Moore. Jan. – Dez.
Wissenswertes: Ursprünglich ein Vogel asiatischer Steppen, ist die Feldlerche in Mitteleuropa erst nach Rodung der Wälder durch den Ackerbau betreibenden Menschen häufig geworden. Der Singflug ist ursprünglich eine Anpassung an eine baumlose Landschaft. Während des minutenlangen Gesanges holt der Vogel Luft, indem er sehr kurze und damit unhörbare Pausen einschaltet.

Haubenlerche

Galerida cristata

Typisch: Auffallende Kopfhaube (Vorsicht: auch Feldlerche kann behaubt aussehen!). Viel am Boden.
Kennzeichen: 17 cm. Kurzschwänziger und weniger kontrastreich als Feldlerche. Singt in kurzen Strophen mit vielen Nachahmungen (auch menschliche Pfiffe).
Vorkommen: Halbwüsten, Steppen; Brachland, Fabrik- und Bahnanlagen. Auch in Großstädten. Jan. – Dez.
Wissenswertes: Ursprünglich ist die Haubenlerche in Halbwüsten und Wüsten beheimatet. Sie breitete sich im Mittelalter in der „Kultursteppe" der Ackerbaugebiete aus. Die Gewöhnung an den Menschen ging so weit, daß sie in manchen Städten sogar auf flachen Hausdächern brütet. Sie ist heutzutage wieder eher selten geworden.

Rauchschwalbe

Hirundo rustica

Typisch: Sehr lange Schwanzspieße; Luftjäger mit wendigem Flug, oft auch in Bodennähe.
Kennzeichen: 19 cm. Stirn und Kehle braunrot. Gesang zwitschernd mit einem schnurrenden Ende.
Vorkommen: Nistet in Gebäuden ländlicher Siedlungen, jagt über offenem Kulturland, auch über Gewässern. März – Okt.

Wissenswertes: Auch die Rauchschwalbe ist ein Kulturfolger, der sich gut an die ländliche Kulturlandschaft angepaßt hat. Geht heute durch abnehmendes Angebot an Nahrung und Nistmöglichkeiten (weniger Viehställe!) im Bestand zurück. Schlechte Witterung kann zu Massensterben in der Brutzeit oder auf dem Zug nach Afrika führen.

Schafstelze

Motacilla flava

Typisch: Wippt mit Schwanz wie Bachstelze. Leuchtender gefärbt als Gebirgsstelze.
Kennzeichen: 16,5 cm. Oberseite olivgrün (grau bei Gebirgsstelze). Weibchen, Jungvögel und Männchen im Schlichtkleid blasser. Flugruf „psüjip".
Vorkommen: Feuchte Wiesen und Weiden, Heiden; nicht immer in Wassernähe. März – Sept.

Wissenswertes: Die Schafstelze ist über Nordeuropa bis weit nach Sibirien verbreitet. Vögel aus verschiedenen Gebieten weisen deutliche Unterschiede in der Färbung auf. Zur Zugzeit treten daher bei uns auch Vögel mit dunklem Kopf aus Nordeuropa auf. Schafstelzen sind oft in der Nähe von Weidevieh zu finden und jagen die von diesem aufgestöberten Insekten.

Gebirgsstelze

Motacilla cinerea

Typisch: Sehr langer Schwanz; fast immer in Wassernähe. Wippt auch mit dem Schwanz.
Kennzeichen: 18 cm. Oberseite grau; Kehle des Männchens zur Brutzeit schwarz, im Schlichtkleid ebenso wie bei Weibchen und Jungvögeln blaß.
Vorkommen: Schnell fließende Bäche und Flüsse. Seltener an Seen. Jan. – Dez.

Wissenswertes: Hat sich ab etwa 1850 im Flachland von den Niederlanden bis Polen stark ausgebreitet, vermutlich aufgrund besserer Lebensbedingungen durch den Bau von kleinen Stauwehren und Mühlenteichen. In diesem Jahrhundert folgte ein Rückgang, verursacht durch die starke Verbauung und zunehmende Verschmutzung der Gewässer.

Bachstelze

Motacilla alba

Typisch: Schneller trippelnder Gang; wippt beim Gehen ständig mit dem langen Schwanz.
Kennzeichen: 18 cm. Kontrastreich schwarz- (bzw. grau-)weiß gefärbt. Jungvögel blasser und bräunlicher. Flugruf deutlich „zilip".
Vorkommen: Offene Kulturlandschaft, auch Siedlungsbereich. Oft an Wasser. März – Nov.

Wissenswertes: Über fast ganz Europa und Asien verbreitet; bildet daher mehrere Formen (Unterarten) aus. Übernachtet außerhalb der Brutzeit oft an Massenschlafplätzen. Die Bachstelze ist teilweise Kulturfolger, da sie oft in Nischen an Gebäuden brütet. Gehört zu den Arten, deren Nester der Kuckuck mit Vorliebe zur Eiablage aufsucht.

Seidenschwanz

Bombycilla garrulus

Typisch: Einziger brauner Vogel mit Federhaube; meist in Trupps an Beerensträuchern.
Kennzeichen: 18 cm. Auffallende Flügelmarken und gelbe Binde am Schwanzende. Leiser, sirrender Ruf.
Vorkommen: In Mitteleuropa Wälder, Gärten und Parks mit beerentragenden Sträuchern. Nov. – Apr.
Wissenswertes: Brütet in den Nadelwäldern der hochnordischen Taiga. Ernährt sich im Winter ausschließlich von Beeren (vor allem der Vogelbeere). Bei schlechtem Futterangebot im Winter ziehen die Vögel in großen Mengen bis Mittel- und Südeuropa (sogenannte „Invasionen"); diese Ereignisse treten ganz unregelmäßig auf. Galt daher im Mittelalter als „Pestvogel", dessen Erscheinen kommendes Unheil ankündigte.

Raubwürger

Lanius excubitor

Typisch: Größter Würger; kontrastreich, mit schwarzer „Banditenmaske". Sitzt meist auf gut sichtbarer Warte.
Kennzeichen: 24 cm. Im Flug weiße Flügelbinde auffällig. Jungvögel brauner mit gebänderter Unterseite. Gesang u. a. aus kurzen, rauhen Strophen.
Vorkommen: Offenes Land mit Gehölzgruppen, Moore; Heiden, Waldränder, auch Obstgärten. Jan. – Dez.
Wissenswertes: Größter Würger Europas und der einzige, der auch im Winter in Mitteleuropa zu sehen ist. Erbeutet neben Großinsekten auch kleine Wirbeltiere, verfolgt und fängt selbst Kleinvögel im Flug! Ernährt sich im Winter vorwiegend von Mäusen. Ist noch seltener geworden als der Neuntöter und bei uns vom Aussterben bedroht.

Neuntöter

Lanius collurio

Typisch: Rotbrauner Rücken, sitzt auf freistehender Warte.
Kennzeichen: 17 cm. Nur Männchen mit Augenbinde, Weibchen und Jungvögel brauner, mit gefleckter Brust.
Vorkommen: Offene Landschaft mit Dornsträuchern, Hecken. Apr. – Sept.
Wissenswertes: Er ist der häufigste der einheimischen Würger, den „Greifvögeln unter den Singvögeln". Würger haben kräftige Hakenschnäbel und spießen ihre Beutetiere auf Dornen auf. Den Jungvögeln ist das Aufspießen an sich angeboren, sie müssen aber die Wahl der richtigen Dornen lernen. Der Neuntöter war ehemals einer der Charaktervögel der gebüschreichen Feldflur, hat aber drastisch abgenommen und gilt heute als stark gefährdet.

Alpenbraunelle

Prunella collaris

Typisch: Färbung; nur Hochgebirge. Hält sich häufig am Boden auf.
Kennzeichen: 18 cm. Vorwiegend grau, rötliche Flanken. Jungvögel matter gefärbt und ohne schwarzweiße Kehlzeichnung. Bewegungsweise am Boden und im Flug ähnlich wie bei Lerchen.
Vorkommen: Nur Hochgebirge oberhalb der Waldgrenze; im Winter auch in tieferen Lagen, aber selten im Siedlungsbereich. Nur ausnahmsweise im gebirgsfernen Tiefland. Jan. – Dez.
Wissenswertes: Hält sich oft in der Nähe touristischer Einrichtungen auf (z. B. Berghütten). Auch in asiatischen Gebirgen verbreitet, generell bis in große Höhen brütend; höchster Nachweis im Sommer vom Mt. Everest in 7900 Meter Höhe.

Drosselrohrsänger

Acrocephalus arundinaceus

Typisch: Groß; Gesang rauh und kratzend. Sitzt öfter exponiert als andere Rohrsänger.
Kennzeichen: 19 cm. Einförmig gefärbt. Gesang aus tiefen, knarrenden Strophen („karre-karre-kiet-kiet“).
Vorkommen: Schilfbestände am Rand von Gewässern. Apr. – Sept.
Wissenswertes: Größter heimischer Rohrsänger. Hat wie der Teichrohrsänger sein Verbreitungsgebiet in Europa in den letzten 100 Jahren langsam nach Norden (Südskandinavien) ausgedehnt. Benötigt große, ungestörte Schilfgebiete und gilt bei uns als stark gefährdet. Der Gesang ist auch noch bei Wind aus einiger Entfernung aus dem Schilf zu hören. Baut wie der Teichrohrsänger ein Hängenest zwischen Schilfhalmen.

Nachtigall

Luscinia megarhynchos

Typisch: Unscheinbar, versteckt. Schwanz rotbraun. Sehr wohltönender Gesang. Stelzt oft Schwanz.
Kennzeichen: 16,5 cm. Ohne besondere Merkmale. Jungvögel gefleckt. Gesang laut, lang und sehr abwechslungsreich. Singt auch nachts.
Vorkommen: Wälder, Parks, Gartenanlagen mit dichtem Unterwuchs; Apr. – Sept.
Wissenswertes: Der Name kommt aus dem althochdeutschen „nahtigala" („Nachtsängerin"). Wurde seit dem Altertum in manchen Teilen Europas wegen des Gesangs und als christliches Symbol der Erlösung von der Jagd verschont. Im alten Rom war eine Nachtigall zeitweise teurer als ein Sklave. Wird im Nordosten Deutschlands durch den sehr ähnlichen Sprosser ersetzt.

Singdrossel

Turdus philomelos

Typisch: Sucht am Boden nach Nahrung. Ruft beim Auffliegen und im Flug leise „zipp". Gelbbraune Unterflügeldecken. Gesang von Baumspitze aus, meist in der Dämmerung.
Kennzeichen: 23 cm. Färbung ähnlich Misteldrossel, aber kleiner. Gesang laut, klangvoll, aus zwei- bis dreifach wiederholten Motiven („judith-judith-judith").
Vorkommen: Wälder, Parks und Gärten. März – Nov.
Wissenswertes: Die Singdrossel hat ebenso wie die Amsel im vergangenen Jahrhundert einen Verstädterungsprozeß durchgemacht. Sie wurde auch in Australien und Neuseeland eingebürgert. Ihr Nest kleidet sie mit zerkautem, morschen Holz aus, das nach dem Trocknen eine Schale bildet.

Amsel

Turdus merula

Typisch: Hüpft auf dem Boden, bleibt oft ruckartig stehen. Stelzt den Schwanz.
Kennzeichen: 25 cm. Männchen ganz schwarz. Weibchen dunkel-, Jungvögel rötlich-braun, gefleckt. Gesang lang, langsam flötend.
Vorkommen: Sehr häufig in Parks und Gärten der Siedlungen; Wälder. Jan. – Dez.
Wissenswertes: Die Amsel ist ursprünglich ein Vogel dunkler Wälder. Seit dem letzten Jahrhundert hat sie sich in Mitteleuropa an das Leben in Städten und Dörfern angepaßt. Weiter im Osten und Süden ist sie noch heute ein scheuer Waldvogel. Ist von Europa bis Ostasien verbreitet und in Australien und Neuseeland eingeführt. Breitet sich heute noch aus (erste Brut auf Island 1985).

Ringdrossel

Turdus torquatus

Typisch: Gestalt wie Amsel; Männchen ist einziger Vogel dieser Größe mit weißem Brustband. Singt meist von Baumspitze aus.

Kennzeichen: 25 cm. Brustband bei Weibchen undeutlich, fehlt bei Jungvögeln. In manchen Kleidern geschupptes Aussehen (Foto). Gesang aus kurzen, rauhen Strophen.

Vorkommen: In den Alpen in der Nadelwaldzone bis zur Baumgrenze und der Krummholzzone; auch einige Mittelgebirge. März – Okt.

Wissenswertes: Brutgebiet in zwei Teile getrennt: außer in den mittel- und südeuropäischen Gebirgen auch in Skandinavien und im Norden Großbritanniens. Zur Brutzeit meist nicht unter 1000 Meter Höhe; bei starkem Schneefall im Frühjahr auch in tieferen Lagen.

Wasseramsel

Cinclus cinclus

Typisch: Einziger Singvogel, der im Wasser nach Nahrung taucht. Weißer Kehl- und Brustlatz.
Kennzeichen: 18 cm. Unverwechselbar gezeichnet. Geschlechter gleich, Jungvögel grauer und etwas gefleckt. Knickst oft. Scharfer Flugruf.
Vorkommen: Stets am Wasser, an schnellfließenden Bächen und Flüssen, vor allem im Mittel- und Hochgebirge, sonst selten. Jan. – Dez.
Wissenswertes: Hervorragend an die Nahrungssuche unter Wasser angepaßt, z. B. durch dichteres Federkleid als andere Singvögel. Benutzt unter Wasser Flügel wie Flossen, „läuft" auf dem Bachgrund. Baut Kugelnest in Nischen, z. B. an Brücken. Gefährdet; Bestand nimmt ab durch Gewässerverbau und -verschmutzung.

Grauammer

Emberiza calandra

Typisch: Lerchenartiges Gefieder. Klirrender Gesang, von exponierter Warte vorgetragen.
Kennzeichen: 18 cm. Größte Ammer Europas. Ohne besondere Gefiedermerkmale. Gesang kurz, wie das Rasseln eines Schlüsselbundes.
Vorkommen: Offene, trockene Kulturlandschaft; Felder, Äcker und Wiesen mit einzeln stehenden Bäumen und Büschen. Jan. – Dez.
Wissenswertes: Die Grauammer ist eventuell erst mit dem Getreideanbau in Mitteleuropa eingewandert; vielleicht war sie auch schon in den wenigen waldfreien Gebieten heimisch (Flußtäler, Waldsäume). Manche Gebiete in Deutschland wurden erst im letzten Jahrhundert großflächig besiedelt (z. B. Thüringen).

Goldammer

Emberiza citrinella

Typisch: Typischer Gesang, von exponierter Warte aus. Sucht Nahrung oft am Boden.
Kennzeichen: 16,5 cm. Stets mit rotbraunem Bürzel. Weibchen und Jungvögel mit weniger Gelb, matter gefärbt. Gesang eine Reihe kurzer Töne mit tieferem Schlußton (fehlt manchmal): „wie-wie-wie-hab-ich-dich-lieb“.
Vorkommen: Offene Kulturlandschaft mit Hecken, Gebüschen und Baumgruppen; Waldränder. Jan. – Dez.
Wissenswertes: Einer der Charaktervögel der Agrarlandschaft. Obwohl noch häufig, scheint die Goldammer mancherorts zurückzugehen, vermutlich wegen der Intensivierung der Landwirtschaft. Einst glaubte man, das Anschauen einer Goldammer könnte Kranke von der Gelbsucht heilen.

Ortolan

Emberiza hortulana

Typisch: Singt oft von exponierter Warte aus. Gelber Bartstreif.
Kennzeichen: 16,5 cm. Weibchen und Jungvögel blasser und brauner als Männchen. Gesang goldammerähnlich.
Vorkommen: Offene und trockene Kulturlandschaft mit Gehölzen, auch Weinberge. Apr. – Okt.
Wissenswertes: Der Name stammt vom lateinischen Wort „hortus" (Garten), daher der Name „Gartenammer". War früher mit Grau- und Goldammer typisch für die reichhaltige Kulturlandschaft, ist heute bei uns vom Aussterben bedroht. Möglicherweise inspirierte der Gesang von Ortolan oder Goldammer Beethoven zu dem Hauptthema seiner Fünften Sinfonie.

Kernbeißer

Coccothraustes coccothraustes

Typisch: Sehr klobiger Schnabel. Meist in Baumkronen.
Kennzeichen: 18 cm. Beim Auffliegen weiße Flügelbinde und weißes Schwanzende auffallend. Weibchen blasser, Jungvögel unterseits gefleckt. Kurzer, harter „zicks"-Ruf, Gesang sehr unauffällig.
Vorkommen: Laub- und Mischwälder, Parks, Obstgärten mit hohen, alten Bäumen. Jan. – Dez.

Wissenswertes: Innenflächen des Schnabels kompliziert gebaut, mit Schneiden und Querleisten. Der Vogel vermag damit einen Druck von maximal 72 kp auszuüben und selbst Olivenkerne zu knacken. Für das Öffnen kleiner Samen braucht er jedoch länger als kleinere Finken! Brütet meist in geringer Dichte, aber manchmal auch in kleinen Kolonien.

Fichtenkreuzschnabel

Loxia curvirostra

Typisch: Einmalige Schnabelform mit gekreuzten Spitzen (oft nur aus der Nähe erkennbar). In Nadelbäumen.
Kennzeichen: 16,5 cm. Alte Männchen rot, Weibchen olivgrün, Jungvögel dunkler und unterseits gestreift. Häufiger Ruf ein hartes „gip“.
Vorkommen: Nadelwälder und Parks mit Nadelbäumen. Vor allem Fichtenbestände. Im Gebirge hoch bis zur Baumgrenze. Jan. – Dez.
Wissenswertes: Die unter Vögeln einzigartige Schnabelform ermöglicht das Öffnen von Samenzapfen (Fichte, Tanne, Kiefer). Da die Nadelbäume nicht überall ständig genug Samen ansetzen, müssen die Vögel weit umherstreifen („Zigeunervogel“) und brüten nur bei gutem Samenangebot, auch mitten im Winter.

Star

Sturnus vulgaris

Typisch: Nahrungssuche meist laufend am Boden, Flug mit Gleitstrecken. Sehr gesellig.
Kennzeichen: 21,5 cm. Im Herbst und Winter weiß gefleckt. Jungvögel braun. Im Flug dreieckige Flügelform. Sehr variabler Gesang mit vielen Imitationen. Männchen schlägt dabei mit den Flügeln.
Vorkommen: Laub- und Mischwälder, Parks und Gärten mit alten Bäumen. Zeitweise in riesigen Schlafgemeinschaften, auch mitten in Großstädten. Jan. – Dez.
Wissenswertes: Einer der häufigsten Vögel Europas. Wurde 1890/91 in Nordamerika von einem Mann eingeführt, der alle in den Werken Shakespeares erwähnten Vögel dort heimisch machen wollte.

Pirol

Oriolus oriolus

Typisch: Männchen unverwechselbar gelbschwarz. Flötender Gesang. Meist in Baumkronen. Scheu.
Kennzeichen: 24 cm. Weibchen und Jungvögel mit gelbgrüner Ober- und gestreifter Unterseite. Rätschender Ruf, angenehm flötender, kurzer Gesang.
Vorkommen: Lichte Laubwälder, besonders Auenwald; Parks mit altem Laubbaumbestand, Obstgärten. Stellenweise in Kiefernwald. Mai – Sept.
Wissenswertes: Einziger europäischer Vertreter einer sonst in den Tropen und Subtropen beheimateten Vogelfamilie. Kommt nur in sehr geringer Siedlungsdichte vor, da ein Paar ein großes Territorium beansprucht. Baut ein kunstvolles, freihängendes Nest, das nur an den Rändern an Zweigen befestigt ist.

Wacholderdrossel

Turdus pilaris

Typisch: Meist zu mehreren am Boden. Typischer „schakkernder" Ruf.
Kennzeichen: 25,5 cm. „Bunteste" Drossel. Zeigt im Flug weiße Partie am Unterflügel.
Vorkommen: Offene Kulturlandschaft mit Feldgehölzen; Waldränder, lichte Wälder mit Birken, Parks. Jan. – Dez.
Wissenswertes: Früher sehr beliebter Speisevogel („Krammetsvogel"). War in Mitteleuropa zur Zugzeit immer zahlreich, hat sich jedoch erst ab dem 18. Jahrhundert als Brutvogel hier angesiedelt, in manchen Gebieten in Deutschland erst in den letzten Jahrzehnten in großer Zahl. Breitet sich immer noch nach Westen aus. Können in Gruppen Greifvögel attackieren und sie derart mit Kot bespritzen, daß sie nicht mehr fliegen können.

Misteldrossel

Turdus viscivorus

Typisch: Zur Nahrungssuche am Boden. Zeigt im Flug weiße Unterflügelpartie. Lauter, schnarrender Ruf.
Kennzeichen: 27 cm. Färbung ähnlich Singdrossel, jedoch größer (größte Drossel Mitteleuropas). Gesang ähnelt dem der Amsel.
Vorkommen: Wälder, Feldgehölze; mancherorts Parkanlagen der Städte. Feb. – Nov.
Wissenswertes: Der Name kommt daher, daß die Misteldrossel im Winter bevorzugt Mistelbeeren zu sich nimmt, sofern diese häufig sind. Individuen verteidigen im Herbst sogar einzelne beerentragende Sträucher gegen Artgenossen. Ursprünglich ein Waldvogel, hat sich auch die Misteldrossel vielerorts an offeneres Gelände und sogar an das Leben im Siedlungsbereich angepaßt.

Eichelhäher

Garrulus glandarius

Typisch: Auffallende blauschwarze Flügelzeichnung. Lauter, kreischender Ruf.
Kennzeichen: 34 cm. Im Flug weißer Bürzel. Langsamer, flatternder Flug. Leiser Gesang mit Imitationen.
Vorkommen: Wälder aller Art, Feldgehölze, Parks und Gärten. Jan. – Dez.
Wissenswertes: Sehr vielseitige Nahrung; nimmt auch Nester aus. Sammelt im Herbst Eicheln, Bucheckern und Haselnüsse, transportiert sie in einem Kehlsack (bis zu 12 Eicheln gleichzeitig) und vergräbt bzw. versteckt sie an mehreren Orten als Vorrat für den Winter. Vergißt jedoch viele Verstecke und hilft so bei der Verbreitung der betreffenden Baumarten, vor allem der Eichen. In manchen Jahren treten Masseneinflüge aus Osteuropa auf.

Tannenhäher

Nucifraga caryocatactes

Typisch: Gefleckt, kräftiger Schnabel. Oft auf Baumspitzen sitzend.
Kennzeichen: 32 cm. Im Flug weiße Unterschwanzdecken; langsamer Flügelschlag. Schnarrender Ruf.
Vorkommen: Nadelwald einiger Mittelgebirge und der Alpen bis zur Waldgrenze. Im Winter auch tiefere Lagen. Jan. – Dez.
Wissenswertes: Der Tannenhäher versteckt als Wintervorrat im Herbst bis zu 100 000 Samen der Arve, eines Nadelbaumes der Zentralalpen, und findet einen Großteil der Verstecke auch unter dem Schnee wieder. Trägt so zur Verbreitung der Arve bei und hat deshalb auch forstwirtschaftliche Bedeutung. In manchen Jahren treten Invasionen sibirischer Tannenhäher in Mitteleuropa auf.

Elster

Pica pica

Typisch: Unverkennbar schwarz-weiß mit sehr langem Schwanz. Typischer Ruf. Läuft am Boden.
Kennzeichen: 46 cm. Metallglanz auf Gefieder adulter Vögel (nur aus der Nähe erkennbar) fehlt den Jungvögeln. Lauter, rasselnder („schackernder“) Ruf.
Vorkommen: Offene Kulturlandschaft mit Feldgehölzen; Alleebäume, Waldränder; teilweise auch in Städten und Dörfern. Jan. – Dez.
Wissenswertes: Einer der Charaktervögel der offenen Kulturlandschaft. Sehr weites Nahrungsspektrum; nimmt auch Aas sowie Jungvögel. Die großen Reisignester werden von Waldohreule, Turm- oder Baumfalke zur eigenen Brut genutzt. Wurde früher als verwandelte Hexe und Unglücksbote angesehen.

Alpendohle

Pyrrhocorax graculus

Typisch: Einziger ganz schwarzer Vogel mit gelbem Schnabel und roten Beinen. Nur Hochgebirge (Alpen).
Kennzeichen: 38 cm. Jungvögel mit braunem Schnabel und schwarzen Beinen. Hervorragender, akrobatischer Flieger. Laute, hohe Pfiffe sowie trillernde Rufe, von weitem hörbar. Wenig scheu.
Vorkommen: Alpen oberhalb Baumgrenze, oft an touristisch frequentierten Orten (Berghütten, Gipfel, Bergbahnen). Im Winter auch in tieferen Lagen. Jan. – Dez.
Wissenswertes: Der Gebirgsvogel, der am meisten vom Menschen profitiert hat, indem er Abfälle an touristischen Einrichtungen als Nahrungsquelle nutzt. Brütet bis in Höhen von über 3000 Metern und ist somit einer der „höchsten" Brutvögel.

Dohle

Corvus monedula

Typisch: Grauer Nacken, Auge hell. Sehr gesellig. Typischer Ruf.
Kennzeichen: 33 cm. Jungvögel brauner getönt. Häufiger Ruf ein lautes „kjak".
Vorkommen: Im Siedlungsbereich in Ruinen, Burgen, Kirchtürmen und anderen Gebäuden mit Nisthöhlen (sogar Hauskamine); Steinbrüche, Felsen, selten in Waldbäumen. Im Winter oft mit Saatkrähen. Jan. – Dez.
Wissenswertes: Kleinster Rabenvogel und von diesen der einzige Höhlenbrüter. Galt wie Krähen und Kolkrabe früher als Unglücksbringer. Der Bestand nahm nach dem letzten Krieg zu (Ruinen!); heutzutage jedoch wieder seltener, weil durch Gebäudesanierung in den Städten immer weniger Brutmöglichkeiten bleiben.

Kolkrabe

Corvus corax

Typisch: Deutlich größer als Rabenkrähe. Klobiger Schnabel. Im Flug keilförmiges Schwanzende.
Kennzeichen: 64 cm. Ganz dunkel. Ruf „quorr-quorr".
Vorkommen: Brütet in Felswänden der Alpen und einiger Mittelgebirge sowie in Wäldern und gehölzreichem Offenland in Nord- und Nordostdeutschland. Jan. – Dez.

Wissenswertes: Größter Singvogel der Welt, weit verbreitet auf der Nordhalbkugel der Erde. Allesfresser, geht an Aas. Galt früher als Unglücksbote („Unglücksrabe", „Galgenvogel"). Wurde im vergangenen Jahrhundert stark bejagt und vielerorts ausgerottet, Bestände haben sich seit dem letzten Krieg stellenweise erholt. Ist aber weiterhin gefährdet.

Saatkrähe

Corvus frugilegus

Typisch: Eckiges Kopfprofil mit nackter Schnabelbasis. Im Winter in großen Schwärmen. Brütet in Kolonien.
Kennzeichen: 46 cm. Gefieder mit Metallglanz (nur aus der Nähe erkennbar). Jungvögel ohne nackte Stelle an Schnabelbasis. Sucht am Boden nach Nahrung.
Vorkommen: Waldränder und Feldgehölze an offenen Flächen; Parks. Im Winter in großen Schwärmen auf Äkkern und Feldern, auf Schlafbäumen auch in Städten.
Jan. – Dez.
Wissenswertes: Die großen Schwärme im Winter sind Zuzügler aus dem Norden und Osten; als Brutvogel ist die Saatkrähe in Deutschland selten. Wird seit dem Mittelalter als Saatschädling verfolgt, frißt jedoch selbst auch viele „Schädlinge“.

Raben-/Nebelkrähe

Corvus corone

Typisch: Gefieder mit weniger Metallglanz als Saatkrähe. Nicht in so großen Schwärmen wie jene. Sucht am Boden nach Nahrung.
Kennzeichen: 47 cm. Rabenkrähe: ganz schwarz, Nebelkrähe: zweifarbig schwarzgrau. Typischer Ruf.
Vorkommen: Offenes Kulturland an Waldrändern, Feldgehölzen; Parks, auch in Städten. Nahrungssuche auf Äkkern und Weiden. Jan. – Dez.
Wissenswertes: Raben- und Nebelkrähe sind Unterarten zu ein und derselben Krähenart (der „Aaskrähe"). Die Rabenkrähe lebt in Westeuropa (inklusive England), die Nebelkrähe im Osten (bis Sibirien) sowie Irland und Schottland. An der Elbe stoßen die Verbreitungsgebiete aufeinander; dort entstehen auch Mischformen.

Register

Mit 89 Farbfotos von Brandl (6, 25, 37, 90), Cramm (43, 86, 92), Danegger (39, 44, 57, 61, 84, 87), Diedrich (78, 85), Fürst (33, 38, 54, 62, 64), Fürst/Stahl (15, 46, 66), Groß (42, 47), Hopf (69), Hüttenmoser (34), Limbrunner (58, 76), Schmidt/Angermayer (50), Schremp (26, 30), Schulze (12, 14, 22, 59), Vogt (82), Wendl (2/3, 8, 10, 17, 18, 20, 28, 29, 32, 36, 40, 45, 49, 51, 53, 55, 60, 67, 80, 81, 88, 93), Wothe (7, 16, 21, 23, 24, 48, 56, 70, 72, 77, 91), Zeininger (9, 11, 13, 19, 27, 31, 35, 41, 52, 63, 65, 68, 71, 73, 74, 75, 79, 83, 89)
18 Farbzeichnungen und 26 Schwarzweiß-Zeichnungen von S. Walentowitz

Umschlag von Friedhelm Steinen-Broo, eStudio Calamar, Pau (Spanien), unter Verwendung von drei Farbfotos.
Umschlagvorderseite: Zaunkönig, *Troglodytes troglodytes* (A. Klees)
Umschlagrückseite: Goldammer, *Emberiza citrinella* (A. Klees), Feldsperling, *Passer montanus* (P. Zeininger)
Die Seite 2/3 zeigt einen Gartenrotschwanz, *Phoenicurus phoenicurus*

Die Deutsche Bibliothek –
CIP-Einheitsaufnahme
Ein Titelsatz für diese Publikation ist bei der Deutschen Bibliothek erhältlich

Gedruckt auf chlorfrei gebleichtem Papier

2. Auflage

ISBN 3-440-09179-1
Redaktion: Rainer Gerstle, Iris Kick
Gestaltungskonzept: Atelier Reichert
Satz: Kittelberger, Reutlingen
Reproduktion: Repro GmbH, Fellbach
Produktion: Lilo Pabel
Druck und Bindung: Printer Trento s.r.l., Trento
Printed in Italy / Imprimé en Italie

Typische Vögel auf Wiesen und Feldern

Feldlerche (S. 61)

Goldammer (S. 78)

Neuntöter (S. 69)

Dorngrasmücke (S. 19)

Braunkehlchen (S. 32)

Elster (S. 88)

Rabenkrähe (S. 93)

Saatkrähe (S. 92)